FLEUR CRÉATIF
Summer
夏的直觉力

创意花艺

[比利时]《创意花艺》编辑部 编
译林苑(北京)科技有限公司 译

中国林业出版社
China Forestry Publishing House

FLEUR CRÉATIF Summer | 创意花艺
—— 夏 的 直 觉 力

图书在版编目（CIP）数据

创意花艺. 夏的直觉力 / 比利时《创意花艺》编辑部编；译林苑（北京）科技有限公司译. —北京：中国林业出版社, 2019.9

ISBN 978-7-5219-0281-5

Ⅰ. ①创… Ⅱ. ①比… ②译… Ⅲ. ①花卉装饰—装饰美术 Ⅳ. ①J535.12

中国版本图书馆CIP数据核字（2019）第218159号

责任编辑：印 芳 王 全

出版发行：中国林业出版社（100009 北京市西城区德内大街刘海胡同7号）
印　　刷：北京雅昌艺术印刷有限公司
版　　次：2019年11月第1版
印　　次：2019年11月第1次印刷
开　　本：210mm×278mm
印　　张：5.5
印　　数：4000册
字　　数：150千字
定　　价：58.00元

花艺目客公众号　　自然书馆微店

《创意花艺——夏的直觉力》设计师团队

安吉丽卡·拉卡博纳拉
（Angelica Lacarbonara）
angelicalacarbonara@email.it

布里吉特·海因里希
（Brigitte Heinrichs）
mail@brigitteheinrichs.com

席琳·莫罗
（Céline Moureau）
lespetitesideesdemity@gmail.com

丹尼尔·奥斯特
（Daniël Ost）
info@danielost.be

朱莉娅·玛丽·施密特
（Julia Marie Schmitt）
juliaschmitt@emcprogram.com

马丁·默森
（Martine Meeuwssen）
martine.meeuwssen@skynet.be

莫尼克·范登·贝尔赫
（Moniek Vanden Berghe）
cleome@telenet.be

苏伦·范·莱尔
（Sören Van Laer）
sorenvanlaer@hotmail.com

斯汀·库维勒
（Stijn Cuvelier）
info@stijncuvelier.be

汤姆·德·豪威尔
（Tom De Houwer）
tomdehouwer@icloud.com

温纳·克雷特
（Werner Crollet）
wernercrollet@telenet.be

总策划 *Event planner*
比利时《创意花艺》编辑部
中国林业出版社

总编辑 *Editor-in-Chief*
An Theunynck

文字编辑/植物资料编辑 *Text Editor*
Kurt Sybens / Koen Es

美工设计 *Graphic Design*
peter@psg.be-Peter De Jegher

中文排版 *Chinese Version Typesetting*
时代澄宇

摄影 *Photography*
Kurt Dekeyzer, Kris Dimitriadis
比利时哈瑟尔特美工摄影室

行业订阅代理机构 *Industry Subscription Agent*
昆明通美花卉有限公司，alyssa@donewellflor.cn
0871-7498928

联系我们 *Contact Us*
huayimuke@163.com
010-83143632

日新月异的国际花坛

在德国埃森市的国际植物博览会上，我们可以看到当今国际花坛的变化可谓日新月异。世界各地的花卉种植者们都在不断地发掘新的花卉品类。他们致力寻找更茁壮的品种、更加具创新性的花色或可以有机栽培和环保种植的花卉。

国际植物博览会也是花艺师施展自己的平台。我们主办的 2019 比利时国际花艺展（Fleuramour）的宣传大使们能够在大型旋转舞台上展示自己花艺的风格和创意。大家对 9 月底比利时国际花艺展亦展现出了极大的热情。今年 Fleuramour 主题名为"回到未来"，花艺设计师的脚步遍布世界各地，他们正积极地布置展会、展示自己，举行研讨会或参加比赛。

最近丹尼尔·奥斯特（Daniël Ost）作客美丽的日本庭园——由志园，他使用那里雍容的牡丹花让他的作品大放异彩。在美国费城，来自全世界的 23 名花艺大师在 2019 年世界杯花艺大赛（Interflora Fleurop Worldcup 2019，简称 FTD）中一决高下。《创意花艺》作为此项赛事的媒体合作伙伴，借此独一无二的机会与国际顶级的花艺大咖零距离交流访谈。澳大利亚花艺设计师巴特·哈桑凭借自己的花艺展示和精湛技巧博得评委和观众的一致赞扬，我们相信他有充分的实力成为未来数年的花艺世界冠军。

总之，国际花卉世界一直在向前发展！

安东尼克
An Theunynck

注：国际植物博览会，International Plant Fair，简称 IPM，自 1983 年起，每年在德国埃森市举办，是世界上规模最大、水平最高、最具影响力的国际植物专业展览会之一。

目录
Contents

| | 夏季 |
| | Summer |

有花的 365 天
世界杯：澳大利亚花艺师巴特·哈森（Bart Hassam）
夺得世界杯花艺大赛冠军！ ... 6
Floos 专栏：亚历克斯·崔（Alex Choi） ... 16

丹尼尔·奥斯特（Daniël Ost）
日本由志园：自然与艺术交汇 ... 17
2019 比利时国际花艺展（Fleuramour）：回到未来 ... 25

夏日花环 ... 38
草为摇篮 ... 46
花艺色彩潮流——夏日的"直觉力" ... 54

豆科植物与纸的创意 ... 62
铁线莲——做主角也做配角 ... 73
EMC 夏日创作 ... 82

5 理念时尚、简单上手的夏日之花

夏日诱惑

福禄考香气十分诱人。俏皮的颜色更增添了它的魅力。从纯白到粉色、紫色,应有尽有。一束可爱的野花里正需要这些颜色。福禄考属于花葱科植物。它可用于野花束中,看起来就像刚摘的鲜花一样。它也可以插在花瓶中,吸水后所有的花苞都会开放。还可试试与其他可人的花搭配,如风铃草和花葵。

野餐花饰

我们都喜欢在美丽的夏日出去走一走。那么收拾好野餐篮出发吧!找到一个让你轻装出发的地方,无论是树林还是海滨。也准备一个装夏日鲜花的野餐包,这将使夏天聚会倍加美丽有趣。

小贴士:这些装满夏花的野餐包也可用于装饰花园派对哦!

牡丹盛开的夏日

夏日的脚步声，就是牡丹盛开的信号。花匠运送着装满手推车的牡丹。这些牡丹既有美丽经典的品种，也有全新的品种，令人眼花缭乱。牡丹具有丰富的历史。我们都很熟悉'萨拉·伯恩哈特'（'Sarah Bernhardt'），粉色、花形大，且气味芬芳，是种植最广泛的牡丹。它在1906年便培育成功，可谓是真正的经典品种。

过去数十年间，牡丹种植者并没有止步不前，如今有多种多样花形、颜色和气味的牡丹供我们选择。

菊科家族

许多夏日的花朵属于菊科，常被称作菊科花材。菊科是最大的植物家族之一。属于这一科的夏花都有哪些呢？当然有雏菊和其他许多的鲜切花，您也可在图中的花束中发现：紫菀（也叫夏紫菀，紫菀属）、向日葵（向日葵属）、金盏花（金盏花属）、一枝黄花（一枝黄属）、鳞托菊（Pink Sunray，鳞托菊属）和大麻叶泽兰（泽兰属）。刺芹是其他科属的植物，这种粗犷、野性的美人属于伞形科。红萝卜、芹菜和许多其他蔬菜和药材也属于这一科。

小贴士：鳞托菊（Pink Sunray，鳞托菊属）的花是不错的干花花材。

太阳花

当你想到代表阳光的花朵时，毫无疑问，脑海中的第一选择就是向日葵（向日葵属），它是一种展现太阳能量的夏季花朵。夏季花束中不能没有它。新品种的向日葵已经面向市场供应，你可以对向日葵主题的花束作出各种改变。可选的颜色包括深浅不同的黄色、橙色和红色。或者做个出人意料的选择：白色的向日葵'ProCut White'。如果你不想要有花粉的向日葵，可选择不育的品种，例如向日葵'Jua Inca'。它也很美丽，明黄色并有着神秘的黑色花心。

澳大利亚花艺师巴特·哈森夺得世界杯花艺大赛冠军!

2019年3月1日至3日,世界杯花艺大赛在美国费城举办,比赛持续3天。23名世界知名的花艺师参加了这次年度大赛角逐。

在颁奖典礼上,巴特·哈森说道:"这次比赛真是一次绝妙的体验,我很感谢大赛平台提供的机会。我知道对能够参加世界杯的任何国家的任何人来说,这都是一次独特的机会,我很感谢能有这次机会。"

巴特·哈森住在澳大利亚布里斯班,是一名专业的花艺设计师。他曾5次赢得了澳大利亚年度花艺师(Interflora Australia Florist),并获得2011年亚洲杯冠军。他经常在世界各地展览、演示和教授花艺课程。

世界杯花艺大赛每4~6年举办一次。这是一个为期3天的花艺设计大赛,自1985年在美国首次举办至今,已是第十五届。23名参赛者初赛需要完成3个命题创意作品(可以部分在家完成,但不得以成品运抵赛场,需现场组合花材)和1个挑战性作品(神秘箱)。在半决赛中,10名参赛者制作了第2个挑战性作品——"个性的力量"。决赛时,5名晋级的选手在一处容纳650位来宾的舞台上现场创作第3个挑战作品(神秘箱)。

国际评委包括:托马斯·拉奇克(Thomas Ratschker,德国)、托马斯·布鲁因(Tomas De Bruyne,比利时)、比约·克朗(Björn Kroner-Salié,德国)、艾伦·贾登(Allan Jarden,新西兰)、凯伦·巴恩斯(Karen Barnes,英国)和德博拉·德·拉弗洛尔(Deborah De La Flor,美国)。

傍晚比赛结束时,巴特·哈森赢得了冠军。来自俄罗斯的纳塔丽娅(Natalia Zhizhko)喜欢大胆尝试,夺得银牌,来自匈牙利的花艺色彩专家塔马斯·梅哲夫(Tamás MezÖffy)获得铜牌。

摄影:FTD C Michelle Smith / @ginchigoo

世界杯

23位来自世界各地的 **顶尖花艺师**

1. 梁灵刚 Solomon Leong，中国香港（22）
2. 索菲·丹尼尔森·索尔 Sofie Danielsson，瑞典（17）
3. 斯蒂芬·特里贝 Stephan Triebe，德国（4）
4. 莱奥波尔多·戈麦斯 Leopoldo Gomez，墨西哥（21）
5. 保罗·加拉斯 Paul Jaras，加拿大（20）
6. 哈珀·科皮 Pirjo Koppi，芬兰（10）
7. 克里斯汀·古迪克森 Kristine Gudiksen，丹麦（16）
8. 艾琳·苏珊·哈弗伯格 Elin Susan Havreberg，挪威（15）
9. 劳拉·丰隆 Laura Leong，英国（11）
10. 姚伟 Wei Yao，中国（7）

11. 卡特琳娜·斯图尔特 Katharina Stuart，美国（19）
12. 汉斯·齐杰斯特拉 Hans Zijlstra，荷兰（14）
13. 吴勉 Myeon Oh，韩国（6）
14. 李嘉伟 Kelvin Lee，中国台湾（12）
15. 杉本一洋 Kazuhiro Sugimoto，日本（9）
16. 琳达·罗伊格 Lina Roig，西班牙（18）
17. 保南 Nam Boa，越南（23）
18. 皮米萨·希季赫 Premysl Hytych，捷克（5）
19. 文森佐·安东努乔 Vinzenzo Antonucci，意大利（8）
20. 赫尔韦·弗雷扎尔 Hervé Frézal，法国（13）

注：括号内数字为最终比赛成绩排名

季军

塔马斯·梅哲夫——色彩的试验

在日内瓦举行的 2016 年欧洲杯大赛中,塔马斯·梅哲夫(Tamás MezÖffy)获得冠军。世界杯对他是更大的挑战。在"设计师的选择——建筑中的和谐"环节,尽管他在建筑学方面并未受到专业指导,但他想在作品中表现美国建筑的线条和节奏感。他最喜欢黄色,但他选择在作品中挑战新的颜色。他的建筑花艺作品的主色调是橙色,而在"色彩的力量——手绑花束"环节,他挑战了将不同色彩的花材组合在一起。世界杯期间最大的挑战是鲜花本身。因为最终拿到的鲜花与订购时的花材品种和质量差别很大,这相当考验他的创造力和灵活性。

关键词:生长能量,生命循环,有机的和朴实的

世界杯

亚军

纳塔莉亚——富有创意力和创新性，以不同的方式使用材料是她的目标！

纳塔莉亚·齐兹科（Natalia Zhizhko）参加过许多比赛，但参加世界杯是她希望实现的终极梦想。
"世界杯让你走出舒适区，迎接有趣的新挑战。它将你的想象力和创造力拓展到极限。"

在建筑环节，纳塔莉亚从才华横溢的西班牙建筑师圣地亚哥·卡拉特拉瓦设计的、位于耶路撒冷的轻轨桥中获取灵感。她最喜欢的颜色是黄色，这在她的花束和神秘箱作品中都有所体现。

关键词：闪亮的，几何形，智能的

冠军　巴特·哈森——以自己的独特风格创造出美的小宇宙！

"我的首要目标是尊重花朵，致敬植物这一特殊生命及其独特品质。世界杯的挑战主要是将我自己的风格融入另一个国家，尽可能创造可信真实的感觉。我主要使用亚热带的材料，这些材料在寒冷的费城并不常见。

建筑环节，我的灵感主要来自于弗兰克·劳埃德·赖特（Frank Lloyd Wright）和密斯·范德罗（Mies van der Rohe）的作品。他们的作品主要关注空间和比例，这也反映在我的花艺设计中。

无论是在建筑环节还是花束、桌花环节（"两人桌"——鲜花的力量），我主要以单一主色或类比色的色彩协调方法用色。我喜欢设计光影变化、同一种颜色的不同变化来与不同的花材品种形成对比。当你想要展示特定颜色的全部光谱时，光线起着重要作用。

我期望进入前三名吗？当然，我对获得第一名的殊荣非常高兴，我之前的目标是进入前十名。很遗憾并非所有候选人都能参加最后一轮比赛。每个人都在这场比赛中投入了大量时间。作为选手，应该抓住每一个机会展示自己的最佳状态！"

关键词：东方遇到西方，简约，日式设计与异国情调的花朵形成对比，形式和线条，创造通透感和架构

15 ｜ 世界杯

FLOOS 专栏
——亚历克斯·崔 Alex Choi

"Floos"成立于 2014 年 8 月。是一个互动的、数字化的和国际化的花艺学习、交流网络平台，由卡尔斯·方塔尼拉斯（Carles Fontanillas）创建。

亚历克斯·崔（Alex Choi）是韩国拥有 20 年经验的花艺大师。通过参与竞赛和博览会，他获得了许多花艺技巧和知识，并在柏林获得了 2015 年世界杯花艺大赛冠军。他喜欢将自然的素材赋予时尚现代的语汇。自然不仅是他主要的灵感来源，而且引导着他的生活工作之旅。

大丽花（深红色）、黍、星芹、红瑞木（红色）、多花素馨、美叶芋、蓝盆花（黑色）、威尔士杂交西番莲、地榆、大丽花（肉粉色）、嘉兰（黄色）、嘉兰、艳果金丝桃（红色，市场常用名：火龙珠／红豆）、英浆果（花楸果实）、洋桔梗（紫色）、切花月季（橙／黄色）、蝴蝶兰（紫色）。

Dahlia 'Karma Choc' (Dark red), Panicum 'Fountain', Astrantia 'Roma', Cornus alba 'Sibirica' (Red), Jasminum polyanthum, Alocasia sanderiana 'Polly', Scabiosa atropurpurea 'Blackberry Scoop' (Black), Cambria hybr., Passiflora violacea, Sanguisorba 'Pink Tanna', Dahlia 'Hilcrest Suffusion' (Salmon), Gloriosa 'Lutea' (Yellow), Gloriosa superba 'Exotic Orange', Hypericum 'Coco Calypso' (Red), Viburnum berries, Eustoma 'Montana's Dizzy Lisi' (Purple), Rosa '3D' (Orange/Yellow), Phalaenopsis multiflora 'Morelia' (Purple)

木底座、直径 3 mm 卷筒铁丝、直径 1.8 mm 短截铁丝、直径 1 cm 试管

摄影：FLOOS，工匠的秘密

1. 将红瑞木枝条弯成所需要的形状，可使用铁丝绑带做辅助，能更容易地做成拱形或"S"形。
2. 使用钻子穿透红瑞木，用 1.8 mm 的铁丝在不同的位置将它们固定起来。这样会做成一个非常坚固的结构。
3. 当把 3 枝红瑞木绑在一起时，就可以可取下第一根铁丝。
4. 添加红瑞木直到它们达到所需的宽度。注意在每个素材之间留出间隔。

摄影：© Daniël Ost

丹尼尔·奥斯特

日本由志园：自然与艺术交汇

由志园（Yuushien Garden）是位于日本岛根县的著名园林，是一个美丽的回游式庭园，园中的池塘周围有许多徒步小径。

这座园林在大根岛（Daikonshima）中海湖（Lake Nakaumi）的中心位置，是日本山阴地区（San'in Chuo region）风景和传统的缩影，体现当地独特的历史和文化（岛根县是日本神话之乡，古称出云国）。

漫步园中，您将沉浸在丰富的景观序列、色彩和氛围中；锦鲤畅游的池塘、岩石假山、瀑布和朱红色的标志性桥梁。园中种植的大量植物让你在不同季节都能够欣赏它们的美丽。

这里有一年四季都开放的植物：牡丹。作为日本第一大牡丹产地，这里种植了 250 多种牡丹，它们以其多姿多彩而闻名日本本土及国外，在世界各地都非常受欢迎。

尽管牡丹在全年都是这座园林的特色，但在由日本著名造园师石原和幸（Kazuyuki Ishihara）设计的"牡丹之家"（House of the Peonies），观赏它们的最佳时间是从 4 月底至 5 月初。届时，园中池塘将被超过 10 万朵的粉红色的饱满花朵包围。

丹尼尔·奥斯特（Daniël Ost）在这里向您展示一些他用园中美丽的牡丹和玫瑰创作的作品！

由志园旅游小贴士

由志园以庭院内世界级的牡丹馆和一年四季盛开的鲜花著称。它是岛根县最著名的旅游观景区之一，是日本第一的牡丹产地，同时也是日本著名的高丽参产地。

由志园总占地面积 3 万平方米以上。园内一年四季都可以观赏到美丽的植物；春季有牡丹、樱花、杜鹃花，夏季有睡莲、菖蒲、绣球，秋季有紫薇、红叶，冬季有冬牡丹、山茶花。在欣赏园中超过 250 种牡丹的同时，还可以在餐馆享用使用高丽参和当地食材烹制的乡土料理。另外，在茶房中可以一边品尝高丽参咖啡和高丽参茶，一边欣赏如画的庭园景色。

地址：日本 690-1404 岛根县松江市八束町波入 1260-2
开放时间：9:00 ~ 17:00
门票：
· 成人 800 日元
· 高中生及中小学生 400 日元
· 团体（20 人以上）650 日元
电话：+0852-76-2255
网址：http://www.yuushien.com

丹尼尔·奥斯特

19 丹尼尔·奥斯特

21

丹尼尔·奥斯特

丹尼尔·奥斯特

23
丹尼尔·奥斯特

你打算去看飞碟和火箭吗？
"比利时国际花艺展正穿越时空"
'Fleuramour is going on a journey through time'

比利时国际花艺展（Fleuramour）"闪电"造型的宣传海报借鉴了同名电影《回到未来》。在这部电影中，主人公需要闪电才能穿越时空。那我们应该戴上太空护目镜，穿上太空靴吗？《创意花艺》采访了的比利时国际花艺展的艺术总监瑞金·莫特曼（Regine Motmans），让她来独家揭秘今年大展有哪些精彩看点！

当我们想到"回到未来"这个主题时，我们一定会脑洞大开。我们准备好看到飞碟、火箭和外星人吗？

瑞金·莫特曼（比利时国际花艺展，艺术总监）："你很有可能会发现它们，但花艺师可以利用这个主题任意发挥创意，以避免我们展览现场有太多的火箭（笑）。例如，莫尼克·范登·贝尔赫（Moniek Vanden Berghe）会想，如果从现在穿越到未来，她想从现在带走什么？每一位花艺师都可以对这个主题给出自己的阐释。

今年为什么选择这个主题？

"当我年轻的时候，我喜欢'回到未来'，但之所以我对这个主题最感兴趣，是因为我们总是要要保持前瞻性。比利时国际花艺展是一个伟大的且充满未来感的活动，但你知道，我们并不是想让任何人'震惊'。'现在'和'过去'也对未来发挥重要的影响作用。这就是为什么我认为标题中的"回到"是非常重要、贴切的。2019比利时国际花艺展将是一次穿越时空的旅程。以现在为视角，走向未来和过去。"

你觉得，在观众来比利时花卉艺术展之前，他们应该先看看那部电影《回到未来》吗？

"绝对不必！尽管我们想把电影里的车开到奥尔登·比尔曾城堡那里（Alden Biesen，建于16世纪的著名欧洲古堡，比利时国际花艺展举办地），但我们不知道这是否可行不知道它能不能用，因为它根本开不动了！（笑）"

近几年，我们对古堡中庭（the Court of Honour）的巨级花艺创作的宏伟和壮观感到震惊。你能告诉我们今年那位花艺大咖将作为设计师独家操刀吗？

"继俄罗斯的纳塔莉亚·齐兹科（Natalia Zizko）和比利时的汤姆·德·豪威尔（Tom De Houwer）之后，今年的中庭花艺设计轮到意大利的安吉丽卡·拉卡博纳拉（Angelica Lacarbonara）。她是一位拥有精湛技术和现代眼光的女士。她的中庭主题设计被称为'第9个星球''一个来自遥远未来的花卉星球，爱与幸福在这里融汇'。中庭花艺的架构像是一座漂浮的岛屿，融合了巴洛克和浪漫主义风格。这组花艺装置是无国界、大家都能听懂的'意大利语'。"

我们为什么选择在9月27日至30日举办比利时国际花艺展？

"因为你必须保持传统，这也是比利时国际花艺展在过去24年中为15000人所做的事情。它永远是美丽的，但总是与众不同。还有哪里可以在一个地方就欣赏到14万朵鲜花？是什么吸引着100位世界顶级花艺师每年在同一个地方聚首？这就是比利时国际花艺展的魔力！"

国际顶级花艺师的精彩工作坊

你想磨练你的花艺技巧吗?那么我们强烈推荐比利时国际花艺展的花艺工作室!著名国际花艺公司Floos的花艺大师随时准备在互动环节为您提供指导。这是面向广大花艺师的技能提升福利。届时西班牙国际花艺节冠军卡尔斯·方塔尼拉斯(Carles Fontanillas)也会出现!

在"帽子日"(HAT DAY)设计你最漂亮的帽子

想亲身参与比利时国际花艺展?当然没问题!设计一顶最漂亮的花帽子,并在大帐篷下的花艺游行中展示它,就在2019年9月27日星期五!"帽子日"是花艺展的传统项目,疯狂的、出挑的或温柔的;只要你的花帽子是指向"回到未来"的主题,一切创意都没问题!花艺评审团将评判每一顶帽子,并为每一位参与者送上一杯卡瓦起泡酒来感谢你的参与,获奖者还会收到奖品。

来自 Holly Heider Chapple 的华丽花艺秀

你一定要参加比利时国际花艺展的花艺秀!与来自美国的 Instagram 名人霍莉·海德·查普尔(Holly Heider Chapple)一起,来一场花艺现场展示和婚礼花艺视觉盛宴。她将以自己浪漫活力的花艺风格装饰 Alden Biesen 城堡的"Rijschool"(骑术学校)。每天两场活动中,她会向观众展示如何用用鲜花将各种空间场景装点得更靓更美。你大可期待华丽的新娘捧花、炫目的空间焦点花艺作品、雅致的花束和其他花艺应用。"霍莉·海德·查普尔对组织策划高级花艺时装秀的艺术理解是独一无二的。在比利时花艺展展会上,我们期待她与50位设计师合作的华丽花艺秀!"

FLEURAMOUR
比利时国际花艺展
"回到未来"的花艺魔法

今年的比利时国际花艺展的任务非常特别：我们要穿越时空旅行！就像20世纪80年代经典电影《回到未来》中的马蒂·麦克弗利和埃米特·布朗博士（Marty McFly and Dr. Emmett Brown）那样，我们将回顾过去、现在和未来。几个世纪以来，迷人的花朵和植物世界是怎样进化的？我们如何与植物共同生存？或者我们的未来仅仅是遥远星球上的一个天堂般的畅想？为了帮助我们完成这项前所未有的试验，我们向地球母亲上100位最有创意的花艺师征求意见，以期最终能拯救我们的植物。这些特使将带您前往Fleuramour星球，在这里将保存世界上最美丽的花朵，直到地老天荒。

在埃森市国际植物博览会（IPM）期间，我们的花展大使：汤姆·德·豪威尔（Tom De Houwer，比利时）、安吉丽卡·拉卡博纳拉（Angelica Lacarbonara，意大利）、布里吉特·海因里希（Brigitte Heinrichs，德国）、朱莉娅·玛丽·施密特（Julia Marie Schmitt，美国）和苏伦·范·莱尔（Sören Van Laer，比利时）在我们的活动中以他们的花艺设计迎接来自世界各地的花卉爱好者们。他们制作了最令人惊喜赞叹的新娘花束，用比利时杜鹃进行的创作展示了他们自己的风格，并阐释了其花艺技巧和创意……他们想表明，比利时国际花艺展不仅是一个专业花艺师云集的国际盛会，同时它也是一个非常重要的社交平台，国际花艺师们可以在这里交流设计想法和技巧。这也是一个可以让爱花人感受到花的美和力量并为之沉浸的地方。

大使们还制定了关于"回到未来"的一些安排，这是第24届比利时国际花艺展的主题。下面，他们都将用创意阐释他们自己对主题的理解。

我们相信，他们的灵感将激发我们所有人的创造力。

布里吉特·海因里希

"对我来说,'回到未来'意味着过去和未来是相互联系、不可分割的。没有过去就没有未来。过去给我许多启发。我会对过去有一个新的解释。过去的文化、经验、技巧、知识都影响着当下的事物和此时此刻,并赋予现在的各种形式……当然也是这样影响着未来。我们在时尚和建筑方面也可以找到类似的趋势。"

朱莉娅·玛丽·施密特

"当为2019比利时国际花艺展呈现'回到未来'这一主题时,我的脑海中第一个跳出的创意想法就是《星球大战》。作为一个在20世纪70年代成长起来的年轻人,在电影院中初次观看《星球大战》改变了我和我整个青年时代对世界的看法。

我们把未来看作是一个由奇妙的计算机、机器人和飞行器组成的幻想。乔治·卢卡斯还为我们描绘了一个未来的图景——塔图因(Tatooine)星球是一个黄色和棕色底色的沙漠。他将我们带回到一个更原始、更基础的自然景观之中。这些画面变成了我们对未来的'感觉'。因此,我受到这样的启发创造了一种玻璃纤维和树脂结构,呈现出丙烯颜料般的质感和半透明的效果。

观看《星球大战》让我不禁回忆起我童年的快乐时光和与弟弟一起玩耍的快乐时刻,夏天在夏威夷的沙滩上玩耍,那里简直就是我们的前院。太平洋是我们的游乐场,我们在"珊瑚池"中游泳。我们游泳的地方有一处深而清澈的洞,那是珊瑚礁中的一个大而深的断裂处,我们常在那里捕捞鳗鱼。为了重现这种活珊瑚的感觉,我将植物插入架构中隐藏的玻璃试管。那些植物包括:嘉兰、'霸王'空气凤梨、油桐树、宫灯百合和猪笼草。"

苏伦·范·莱尔

"对我来说,'回到未来'意味着回到过去。今天实际上是我们的未来。这激发了我对之前所做作品进行重新创作。在这次创作中,我使用了台湾一位大妈特别为我做的一种编织结构,那是用一片苏铁叶子做成的。这位大妈不幸在此期间去世了。为了纪念她并让她的生命'活在未来',我为比利时国际花艺展的主题设计了这个新作。"

汤姆·德·豪威尔

"我对'回到未来'这个主题的第一反应是：我将怎么去表现它呢？但实际上，那些没有立即得到答案的主题是很好的主题。它们使你跳出常规，进行'头脑风暴'，寻找更多创意灵感。当我第一次构想一个设计时，我会在脑海中描绘它，而当我为了创作它，数天、数周、数月地忙碌直到完成时，我知道它对我而言，就成了一种'回到未来'的感觉。"

安吉丽卡·拉卡博纳拉

对于安吉丽卡来说，2019比利时国际花艺展将是一次非常特别的活动。她正在为古堡的"荣誉中庭"（the Court of Honour）设计一个大型作品。"我的想法是创造第9颗行星。太阳系的轨道上有8颗行星，我想在它上面添加第9颗行星。奥尔登·比森古堡的'荣誉中庭'——一颗花朵星球，将降落在第9个星球的轨道。它将是一个鲜花盛开的芬芳星球，漂浮在它上面的'大气层'尤为特别。毫无疑问，艺术元素将成为创作的核心部分——具有未来感的设计，包含一些巴洛克元素，这些元素是我和我的作品的特征。"

5个夏日主题花艺设计

2019年夏季的花艺潮流可以归纳为一个词——"直觉力"。在每个人都在谈论数字化的时代,我们比以往更需要有形的材料来感受世界。毋庸置疑,花朵和大自然本身是数字化时代里的天然"解毒剂"。我们可以用所有的感官来感受它。《创意花艺》的花艺师们使用了粘土等可揉捏、塑形的材料来创作作品,或使用适合这种材料的颜色,如大地色调。

夏天也意味着各种美丽的观赏草蓬勃而生。它们在花园中随风摇曳,装点了夏日的美梦。草类非常适合堆叠、编制或打褶。它们还是衬托夏日花朵绽放光彩的理想画布。

纸也是一种触感独特的材料。你可以将其塑造成花朵、蝴蝶,也可以把它做成容器。豆科植物和纸非常般配,它们的组合能变出许多你意想不到的创意。

想表达夏天的美,也可以用缀满夏花的花环。夏日时令花卉让我们更接近大自然。即使没有太阳,夏日的花环也能带来明亮的色彩、扑鼻的芳香和真切的喜悦。

铁线莲是一种时髦的花。它是花匠们心中美丽的攀缘植物,同时,它作为鲜切花也有出彩的表现力。它因其纤细轻盈的外形看起来很娇弱,但实际上,它是一种非常结实的鲜切花。它可作为夏日花艺设计中的主角,也可以作配角,与夏日主题花完美搭配。

5 Getting started with FLOWER THEMES

38 夏日花环 Summer Wreath
46 草为摇篮 Cradled by Grasses
54 花艺色彩潮流——夏日的"直觉力" Colour Trend Intuition
62 豆科植物与纸的创意 Legumes and Paper
70 铁线莲——做主角也做配角 Clematis in a Leading and Supporting Role

Summer Wreath
夏日花环

一个简单又迷人的花环可以将夏日的活力带到每一张花园餐桌。
一定要尽量使用室外生长的夏季花材!

Wealth of Colour
缤纷的花环

玫瑰（切花月季）、旱金莲、洋甘菊、飞燕草、百日菊、大丽花、欧旋花、泻根、黑醋栗、绣球、茴香

Rosa 'Latin Pompon', Tropaeolum majus, Tanacetum parthenium, Delphinium, Zinnia, Dahlia, Calystegia sepium, Bryonia dioica, Hydrangea, Hortensia Foeniculum vulgare

天然藤条、金属形底座、小试管、铁丝

1. 用与藤条相同的颜色的喷漆喷涂底座。
2. 将藤编织到金属底座上。将藤条外侧光滑的面朝外、粗糙的面朝里。从底往上编织的时候逐渐加宽边缘，这样方便在藤条之间留出空隙插入小试管。
3. 将小试管稀疏间隔地连接到铁丝上并悬挂在藤条结构内部，注水。
4. 现在方便把各种颜色的夏花分散地插入小试管，颜色和品种要交错开。
5. 最后，用黑醋栗装点作品，将小白菊的卷须缠绕在花环周围，完成作品。

Prominent Sunflowers
出挑的向日葵

向日葵、亚麻、黍

Helianthus annuum, Linum usitatissimum, Panicum, panic grass

环形干花泥、试管和小花瓶、订书针、钻

1. 在环形干花泥上钻孔，大小要足够使试管和小花瓶可以插入。
2. 将柔软的亚麻包裹在花环周围并用订书针固定。
3. 将试管插入花环的孔中，同理插入小花瓶。它们会支撑起整个架构。
4. 加入水并将向日葵插入试管和瓶中。最后在桌上撒上一些向日葵籽盘。

41

夏日花环

The Cool Blues of Summer
夏日酷蓝

鸢尾、飞燕草、龙胆、红瑞木、黑种草、熊耳草（藿香蓟）、椰子壳

Iris 'Blue Magic', Trachelium caeruleum, Gentiana, Cornus sanguinea, red dogwood berries, Nigella damascena, Ageratum 'Blue Planet', Cocos nucifera, coconut shell

环形花泥、纤维板、小椰子壳、订书针、胶枪

1. 用纤维板做一个木环，用订书针把小椰子壳钉在四周。
2. 用热熔胶点在钉口处，再将小一圈的小椰子壳沿环形粘住，盖住订书针。
3. 将花泥放在木环上，将鸢尾、飞燕草、龙胆、红瑞木、黑种草和熊耳草错落地插在花泥中。

夏日花环

A Wealth of Summer Flowers
丰满的夏花

绣球、景天花、飞燕草（蓝色和粉色）、落新妇、百子莲、铁线莲、葱、薄荷、蓝盆花、树枝

Hydrangea, Sedum, Delphinium, blue and pink Astilbe Agapanthus, Clematis Allium, Mentha, Scabiosa, wooden branches

40cm 环形花泥（2件）、防水胶带

1. 将两块环形花泥用防水胶带粘在一起。将它们泡在水中浸湿。
2. 首先插入绣球、景天（打底花材），然后插入飞燕草、落新妇和薄荷。
3. 将作品中的亮点主花材、深色调花材——蓝盆花和葱插在显眼位置。

温纳·克雷特

夏日花环

Cradled by Grasses
草为摇篮

缀满芽苞的枝条构建的植物架构,衬托起色彩鲜艳的郁金香。

Rhythm with Allium
大花葱的韵律

大花葱、旱叶草
Allium giganteum, ornamental onion
Xerophyllum tenax, bear grass

2个方形玻璃托盘、花泥、铁丝

1. 切下浸湿的花泥并将其放入托盘中。确保在花泥与托盘边缘留出几毫米的间隙。
2. 用刷子冲洗并清洁旱叶草。
3. 修剪草的底部并将其固定在花泥和托盘的边缘之间。
4. 整理旱叶草底端并用针固定住它们。将草叶的另一端插入花泥中。
5. 重复此步骤直到托盘完全装满。再插入大花葱。

盖蒂·帕蒂恩

Fun With Purple and Green
玩转紫色与绿色

大花葱、观赏洋葱、柳枝稷、小麦

Allium giganteum 'Summer Drummer',
ornamental onion
Grasses
Typha latifolia, reedmace
Triticum spelta, spelt

彩色花泥、紫色毛线、矩形玻璃花瓶、纸板、胶

1. 使用瓦楞纸板。用结着麦穗的麦秆一根一根覆盖在整条瓦楞纸板的凹槽内（稍后将缠绕在花瓶周围）。
2. 在玻璃花瓶中放入一块紫色的花泥。将花瓶装满水，然后将柳枝稷插入花泥中。
3. 剪一些环形的纸板圈。将香蒲叶撕成条状并缠绕在纸板圈上。再使用与大花葱相近的紫色毛线，重复缠绕几个纸板圈。
4. 然后在草丛中插入大花葱。将粘有小麦的瓦楞纸板包裹在花瓶周围，并用双面胶固定。再插入一些大花葱。
5. 最后将草环和毛线环固定在麦秆外面，将固定它们的铁丝藏在麦秆的缝隙间。

莫尼克·范登·贝尔赫

Festuca Glauca Cherishes Campanula
羊茅托起的风铃草

羊茅、黍、风铃草

Festuca glauca 'Intense Blue', blue fescue
Panicum 'Fountain', fountain panic grass
Campanula 'Champion White', bellflower

捆扎线、铁架、Coco galera 椰子皮、试管、胶枪

1. 将椰子皮切成粗细合适的长条，并在其中一条准备插入试管的椰子皮上钻四个孔。
2. 试管穿过孔洞，用热熔胶枪将试管固定组装。用'深蓝'羊茅草沿着"U"形的椰子皮层层包裹在外面。
3. 用捆扎线将整束羊茅绑牢。重复做几个这种结构并重叠固定它们。
4. 将此结构连接到铁架上。最后，在试管中装水，插入风铃草。

斯汀·库维勒

All in a Row
花葱排排站

花葱、黍、干草

Allium, clusters
Panicum 'Fountain', fountain panic grass
Dried grass

黑色花泥、黑色长方形容器、麻绳

1. 将黑色花泥浸湿后放入黑色容器中。首先,将一排高矮一致的花葱垂直插入花泥中。
2. 然后沿花葱茎的两侧插入捆扎好的干草,并将它们水平固定在花葱上。
3. 接下来,与花葱平行的两侧插入另外两排花葱,并使用麻绳将干草束水平地固定到花葱茎上。
4. 搓碎一些黑色的花泥做成土壤状铺在花泥上。

小贴士:你也可以用绿色的花泥,然后在最后一步用黑色的小石子或木炭盖住它。

53 | 草为摇篮

Colour Trend Intuition
花艺色彩潮流
——夏日的"直觉力"

越身处于数字化之中,我们就越是想要找回自己的本真直觉力,去寻找原始的触觉材料和有机的形式。在这一趋势中,粘土和赤陶是不容错过的材料选择。

Vegetative Tray of Gleditsia Peas
皂荚托盘

皂荚、玫瑰果实、红花、切花月季、
鸡冠花、非洲菊

Gleditsia triacanthos 'Sunburst',
Honey locust peas
Rosa 'Magical Pearl', rose hips
Carthamus 'Tin Zanzibar',
Rosa 'Careless Whisper',
Celosia 'Act Zora',
Gerbera 'Dark Wakita',

玻璃试管、大头针、陶制小瓮、半个空心干花泥球

1. 取半个空心干花泥球，将它喷涂黑色。
2. 用大头针从泡沫球中心向上层层插入皂荚。
3. 将插好皂荚的干花泥球壳放入陶制小瓮中，将玻璃试管固定在外面。
4. 用玫瑰果实打底，做成一个网格后再插入玻璃试管，然后插入红花、切花月季、鸡冠花和非洲菊完成作品。

斯汀·库维勒

"这种形式语言是回归本真和荧屏文化相结合的产物。"

"This form language is the love child of our hankering for intuitive tactility and our onscreen culture."

trend
INTUITION
直觉力趋势

我们的技术越向着数字化发展，人们就越有追求自己直觉生活的趋势。雪崩一般的信息大爆炸对我们的生活造成了不小的困扰。近年来，"直觉式饮食""直觉式教育"等现象层出不穷。它们象征着一种与信息爆炸相反的趋势，在这种趋势中，相比于其他信息，我们更相信自己的直觉。

作为人类，我们本能的被数字化吸引，渴望通过荧屏了解世界。同时，我们也渴望通过直观本真的感觉（如触觉）去感受世界。现在，设计师已经注意到了这一点，他们正在寻找物体与我们的双重本能之间的新纽带，寻找一些看似原始的设计材料和过程。

这样做的结果是产生了一种全新的形式语言，将粗糙的外观与看起来像数字效果图的形状（通常是管状的）相结合。这些材料未经处理且质朴，使我们想起了泥土或粘土。

这种形式语言是我们既渴望回归本真又无法避免荧屏文化而结合产物，在荧屏文化中，数字图像在眨眼间就能遍及世界。

无论外观如何原始，这些设计的制造过程通常涉及最新技术，例如通过3D打印技术，将土和树脂混合打印成看起来像粘土的效果。这些设计具有民族特色，但很难确切确定它们来源于什么民族。它们的功能也不是非常确定的某些功能，它们是全球视野下的产物，它们的身上具有北欧、南欧、东方和西方的多重影响。同时，它们也模糊了工艺与技术之间的界限。正是所有这些看起来相互矛盾的悖论的结合才是当下的流行趋势，可以说，这个很"2019"。

以上内容根据"法兰西色彩潮流工作室"的报告。

Organic Clay Shape
有机形态粘土

百日菊、茴香、大丽花、酸浆、苔藓
Zinnia, Foeniculum vulgare, Dahlia
Physalis alkekengi, Chinese lantern, Flat moss

圆柱形花泥（20cm x 30cm）、绳子、粘土、原木切片、巧克力色沙子、玻璃试管、喷胶、钻

1. 将花泥一层一层叠放在原木切片上，但要确保每次叠放都偏离中心。用苔藓包裹它们。
小贴士：粘土较苔藓的粘附性较好，当你晾干并等待粘土脱模时，这是一种更好的附着技术。
2. 将粘土包裹在苔藓外塑造成有机形式的造型，途中还要加一些沙子。
3. 做好造型后，将作品晾干大约一个星期。
4. 在造型粘土块上钻孔，钻成玻璃试管能插入的大小。
5. 试管中加水，插入鲜花。

温纳·克雷特

Clay Bowls Filled with Berries
盛满浆果的泥碗

欧洲荚蒾、玫瑰果实、康乃馨

Viburnum opulus, Gelder rose berries
Dianthus, carnation

粘土、木盆、小玻璃杯

1. 将粘土搓成长条状，用手任意捏边缘，使之呈薄厚、宽窄不同。
2. 在木盆中将粘土片弯成小碗形，并在中间放上小玻璃杯，之后一层一层向外自由地排列粘土片。
3. 玻璃杯中盛水，插入康乃馨，将玫瑰果实随意撒在粘土之间。

盖蒂·帕蒂恩

花艺色彩潮流——夏日的「直觉力」

Bowl of Summery Delight
一碗夏日佳肴

2种切花月季、地榆、辽东楤木、西洋接骨木、挪威槭叶子、悬钩子、旱金莲、蜂斗菜、茴香、野胡萝卜、卫矛果实

Rosa 'Latin Pompon',
Rosa 'Artistry',
Sanguisorba officinalis,
Aralia elata,
Sambucus nigra,
Acer platanoides, Norway maple leaf
Rubus, raspberries
Tropaeolum majus,
Petasites hybridus,
Foeniculum vulgare,
Daucus carota,
Euonymus, spindle tree fruit

粘土、可降解塑料碗、球形花泥

1. 将粘土与水混合成均匀的液体。摘下蜂斗菜的叶片并将其搁置一会儿，以使它变得更柔软。
2. 用调和好的粘土浆覆盖蜂斗菜叶片，然后将它放在球形花泥上晾干。
3. 在两片叶子之间放置纱布，这样它们可以更好地彼此粘附。
4. 将纱布铺在可降解塑料碗上，并用与之大小相配的叶子覆盖。用粘土浆覆盖铺着叶子的塑料碗和叶柄，让粘土慢慢地自然干燥。
5. 将花泥包裹在塑料薄膜中，然后将其放入碗中。碗内侧是比碗略大一些的粘土叶子。
6. 现在把所有的花材和浆果都放在碗里，调整完成作品。

莫尼克·范登·贝尔赫

Legumes and Paper
豆科植物与纸的创意

用纸做成的花或容器在与豆科植物的搭配组合时创意值加倍!
(如:豆科的车轴草属、豌豆属植物)

String Beans Amongst Handmade Paper
纸串四季豆

广布野豌豆、香豌豆、宽叶山黧豆、菜豆、豌豆荚

Vicia cracca, tufted vetch
Lathyrus odoratus, Sweet pea
Lathyrus latifolius, perennial pea
Phaseolus vulgaris, string beans
Pisum sativum, pea pods

手作纸

1. 将一块纸板切成正方形。在纸板中间开一个足够大的开口，可以使花朵穿过。
2. 用双面胶带将一些铁丝黏到纸板上，以便弯曲纸板。将铁丝一起拧成手柄。
3. 弯曲正方形纸板之前，请用手作纸覆盖正方形纸板。弯成所需的形状后，可以将手作纸条叠放在一起。这些纸条是通过将大片的纸撕成条状而预先制成的。可以用湿润的刷子沿着直尺画一条线，这样就可以轻松沿直线撕开手作纸。尽量确保所有纸条都撕成直的。
4. 将豆子和豌豆荚固定在纸条之间。
5. 现在，将这个纸结构沿花瓶形状固定在它外面，用豆类植物插满花瓶，做成平行式扇状。

莫尼克·范登·贝尔赫

豆科植物与纸的创意

Flowering Beans and Peas
豆花引蝶

宽叶山黧豆、菜豆

Lathyrus latifolius, perennial pea
Phaseolus vulgaris, bean tendrils

高脚玻璃杯、自然色藤皮捆扎线、手工纸

1. 用自然色藤线做一些网形框架结构。然后将线网系在高脚杯周围。
2. 让线网在杯底部散开。
3. 在高脚杯中加水,在线网结构之间编上一些豆的藤蔓和豆花。
4. 用手工纸做一些蝴蝶,装饰在作品上。

盖蒂·帕蒂恩

Paper Flowers in Contrast with Nature
纸花也有自然风

香豌豆、紫藤

Lathyrus 'Sunshine Navy', sweet pea
Wisteria sinensis, Chinese wisteria

柚木球、铁环、自然色藤皮捆扎线、手工纸花、玻璃试管

1. 用藤皮捆扎线把铁环包起来。将铁环连接到柚木球的孔中。
2. 在环中用藤线做成一角自然形状的网格，然后在网格中间插入玻璃试管。
3. 在试管中装水，插入紫藤、香豌豆和手工纸花。

豆科植物与纸的创意

豆科植物与纸的创意

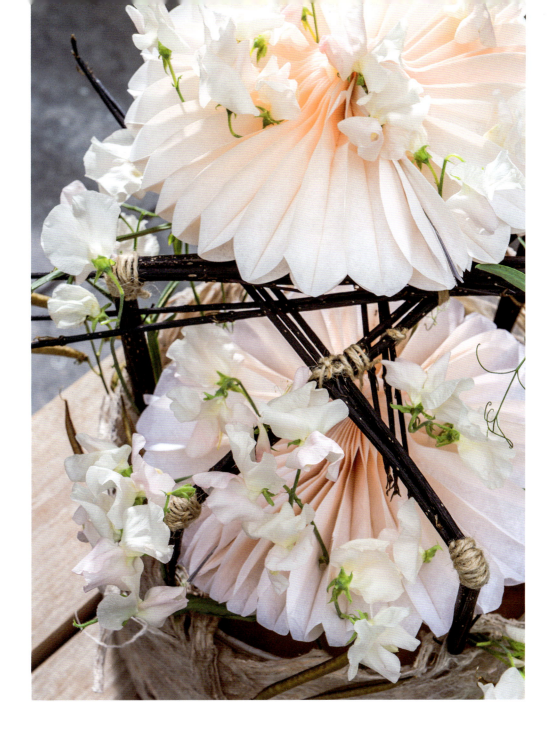

Flowers and Paper in Matching Tones
花与纸的少女诗

彩色桑皮纤维、干燥的山茱萸枝条、香豌豆（花、藤和豆荚）

Morus, coloured mulberry fibre
Cornus alba, dried dogwood twigs
Lathyrus odoratus, flowers, tendrils and pods
Sweet pea

圆柱花瓶、扇形纸拉花、双面胶带、麻绳

1. 将双面胶带粘在花瓶上，并贴上桑皮纤维。
2. 用麻绳将黑色的干燥山茱萸枝绑成小束。将它们插入花瓶中并弯折山茱萸枝条。
3. 在枝条折叠处和枝条交叉处，用麻绳缠绕几圈作为装饰。这也能为花瓶内的结构提供支撑。
4. 将两个扇形纸拉花拉开，固定到树枝结构上。然后将绿色的香豌豆藤蔓搭在结构之上，将豆荚露在外面。
5. 将香豌豆花点缀在纸拉花周围，并把藤蔓和花茎向下插入瓶中，使它们能浸入水中。

温纳·克雷特

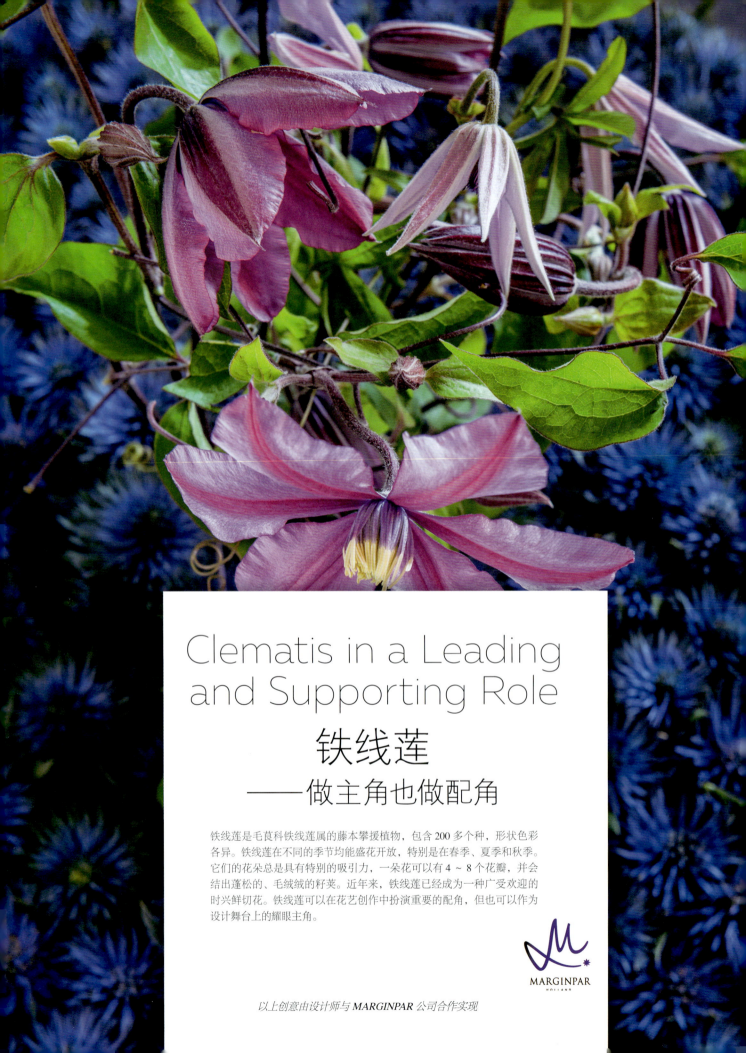

Clematis in a Leading and Supporting Role

铁线莲
——做主角也做配角

铁线莲是毛茛科铁线莲属的藤本攀援植物，包含200多个种，形状色彩各异。铁线莲在不同的季节均能盛花开放，特别是在春季、夏季和秋季。它们的花朵总是具有特别的吸引力，一朵花可以有4~8个花瓣，并会结出蓬松的、毛绒绒的籽荚。近年来，铁线莲已经成为一种广受欢迎的时兴鲜切花。铁线莲可以在花艺创作中扮演重要的配角，但也可以作为设计舞台上的耀眼主角。

以上创意由设计师与 MARGINPAR 公司合作实现

Fragile Clematis Bloom from Rugged Thistles
暖风吹开铁线莲

扁叶刺芹、铁线莲
Eryngium planum, Eryngium (160 stems)
Clematis

大木质花环、钉枪、冷胶、黑色喷漆、花瓶、金属丝

1. 将钉子喷涂成黑色。将刺芹的花头一一钉在木花环上。
2. 将花瓶放在结构的中间，并用冷胶将刺芹花头粘到花瓶的边缘，以过渡收尾。
3. 将金属丝插入花瓶中，向瓶中加满水，插入铁线莲花枝并缠在全底丝上。
4. 整理铁线莲造型结束。

苏伦·范·莱尔

Surrounded by Reed Fluff
芦苇蓬蓬裙

芦苇、蓝盆花、满天星、飞燕草、铁线莲、小盼草

Phragmites australis, common reed
Scabiosa, dove scabious
Gypsophila, baby's-breath
Delphinium, white larkspur
Clematis
Chasmantium latifolium, wood oats

胶枪、硬纸板、金属线

1. 在纸板上裁一个直径为 15cm 的圆，再在它中间裁一个直径为 10cm 的圆，便得到宽 5cm 的圆环。
2. 用胶枪将芦苇花穗粘在环形纸板上。把圆环翻转过来，把四根包着意大利牛皮纸的金属线粘在硬纸板上，然后把它们折起来，做成一个手柄。
3. 然后同理将芦苇花穗粘贴在纸板的另一面。
4. 自然地将花朵插入结构中。最后，在花束中再插入少许芦苇花。

Cascade of Clematis
铁线莲瀑布

小盼草、大星芹、铁线莲、刺芹、球兰、西澳蜡花、石莲花

Chasmantium latifolium, wood oats
Astrantia 'Star of Love', great masterwort
Clematis
Eryngium, snakeroot
Hoya carnosa, wax flower
Echeveria

16 根短金属线、金箔和胶水、胶带、装饰线、黑色的毛绒小球

1. 制作花束的结构。用胶带把 16 根短金属线绑起来。把它们拿在手里，把金属线两两折起来。
2. 然后根据"扭曲"原理将它们展开。剪下藤蔓并将其以螺旋形附着到结构上。
3. 用装饰线连接毛绒小球。随意地让它们悬挂在架构外面。
4. 将金箔贴在多肉植物石莲花叶片上，然后将石莲花切下。把一根硬铁丝插进石莲花茎中。把它们插入架构中，好像它们也是花朵一样。
5. 将各种花材插入架构中，制作成花束。

席琳·莫罗

Structured Bouquet
铁线莲架构花束

铁线莲、晚香玉、芒草

Clematis
Polianthes 'Pink Sapphire'
Miscanthus, maiden grass

1.5mm 直径金属丝、绿色绑线、盘子、杜仲胶、绑线

1. 将铁丝用一些杜仲胶把它包起来，用绑线连固定。
2. 把芒草绑在两边的铁丝上。左右两边的晚香玉也一样绑起来，并左右转动扎线，完成架构。
3. 以一定的角度绑住花茎，在其中插入一些铁线莲，用绑线固定。用绑线可以让花束呈现出你想要的形状。

75 | 铁线莲——做主角也做配角

铁线莲——做主角也做配角

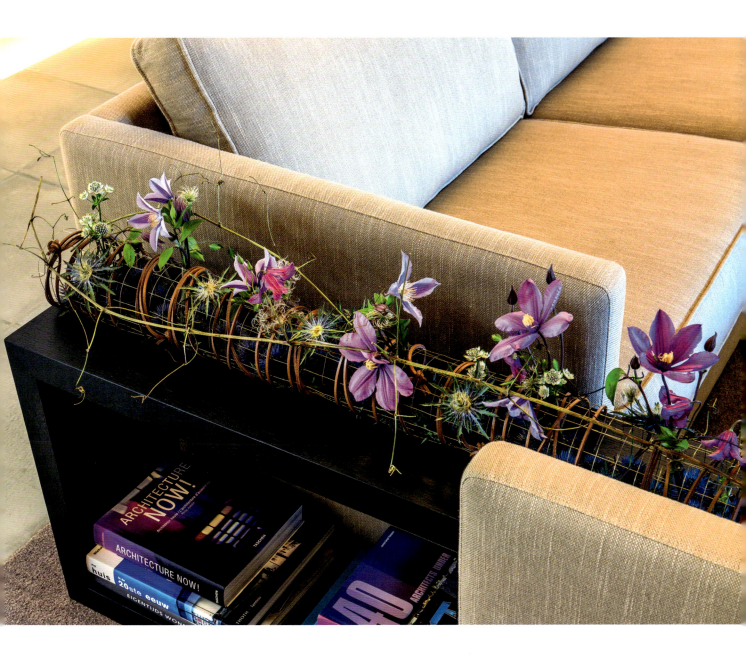

Flowery Cylinder
铁线莲花柱

刺芹、铁线莲
Eryngium 'Magnetar Questar', sea holly
Clematis

金色网格片、金色装饰线、皮质长带（15条×1m）、试管、冷胶

1. 将网格片切割成所需尺寸（此处约1m）。将其卷起并系上金色装饰线。
2. 将皮质长带缠绕在网眼之间，并系住两端，打结固定。
3. 剪下刺芹花头，将它们尽数放入圆筒金属网底部。
4. 在金属网格缝隙之间放入试管，插入铁线莲和刺芹。
5. 在网格上粘上蓟的花冠，使其看起来像星星点缀其间。

席琳·莫罗

Sturdy Trunk Covered with Frail Flowers
枯木生花

玫瑰果枝、大小不一的海棠果、蓝盆花、铁线莲、火把莲、小盼草、艳果金丝桃（火龙珠）

Rosa, rose hip twigs
Malus, large and small apples
Scabiosa, dove scabious
Clematis
Kniphofia, red hot poker
Chasmantium latifolium, wood oats
Hypericum, St. John's wort berries

铁架、枯木桩、短金属线、试管、透明胶、钻＋钻头、绑线

1. 在木桩底部钻一个大一些的洞，与支架大小相同。请注意，不要钻穿！将木桩连接到支架。
2. 在木桩顶部钻一些小孔，在每个孔中插入三根金属线。将它们折叠打开并将其中一根折回向上。
3. 用透明胶带将试管粘贴在短金属丝上。
4. 用绑线将玫瑰果枝水平地固定在结构的顶部，造型要优雅、自然。把海棠穿在铁丝上（不必沿同样的角度插入海棠果实）。
5. 从弯折铁丝底部刺入艳果金丝桃。将铁线莲花（去掉一些叶子）插入小试管中。确保大部分的花朵位于树枝顶部。
6. 插入其它花材，让树桩和花朵之间的区域整体都是清晰有通透感的。

苏伦·范·莱尔

铁线莲——做主角也做配角

Palette of Summery Colours
夏花的调色盘

铁线莲、飞燕草、满天星、柳叶马利筋、蓝盆花、小盼草、芒草、金槌花（黄金球）、椰子纤维

Clematis
Delphinium, larkspur
Gypsophila, pink baby's-breath
Asclepias tuberosa, orange butterfly weed
Scabiosa, two-toned dove scabious
Chasmantium latifolium, wood oats
Miscanthus, maiden grass
Craspedia globosa, billy buttons
Cocos nucifera, coconut fibre

盒子、花泥、竹签、金属丝、胶带、胶枪

1. 切一块长方形的花泥。在角上和中间放几个竹签，这样你就可以用铁丝把整个包起来（做成一个边）。
2. 用胶带把整体包起来。用桦树皮覆盖底部，把椰子纤维自然地整理成片状，粘在外部。
3. 插入花泥并在其中插入各种植物材料。不要把花挤在一起，而是松散地排列。在空白处适当地用椰子纤维填充。

马丁·默森

EMC 夏日创作

Sunny Flower Basket
阳光花篮

矢车菊、2种高加索蓝盆花、千叶蓍、欧洲银莲花、艳果金丝桃、白绒球花、切花月季、菊花、菊花、凤蝶朱顶红、胡萝卜、马蹄莲、郁金香、金雀花、松萝、蓝桉（尤加利）、绣球

Centaurea cyanus
Scabiosa caucasica 'Rose Pink'
Scabiosa caucasica 'Black Berry'
Achillia millefolium 'Paprika'
Anemone coronaria 'White Mistrel'
Hypericum inodorum 'Magical White'
Brunia laevis
Rosa 'Chablis'
Chrysanthemum morifolium 'Rosano Charlotte'
Chrysanthemum morifolium 'Cremone Tornado'
Hippeastrum papilio
Daucus carota 'Chocolate Lace'
Zantedeschia aethiopica 'Orange Mango'
Tulipa hybridum
Rhus 'ovata'
Cytisus scoparius 'Moonlight'
Caustis flexuosa
Eucalyptus globulus
Hydrangea macrophylla

1块木板、5枚木销、1个藤编篮子、油漆（"设计大师"现代金属铜色和金属灰锡色）、木胶、冷胶、U胶、木烤肉叉、试管、彩色银/铜线、合股线或纱线、纸绑扎线、4或5个不同长度铝线、9克短截线、花胶、钻子、海贝壳

把铝线剪成不同的长度。用花艺胶带包裹几条铝线。用金属灰锡色油漆喷涂所有铁丝和木钉。将6个小试管喷涂成铜色。

用木胶把球状木销粘在木板下面的四角上，将另一个木销粘在木板上面的一角上。在木板边角处粘木销处钻8个距离大约1.5 cm的孔。在木板角旁边另外钻4个孔。将短截线切割成2 cm长度，对折成发夹的形状。使用木胶把短截线插入孔中。总共做6个这样的环来固定试管。用U胶把木烤肉叉粘到大的试管上。用纱线缠绕包裹在试管外面。

为了制作篮子，将剩下的短截线对折形成发夹形状。将金属丝放在篮子内和篮子周围，从上到下形成双层。交叉篮子下的铁丝，并用纸捆扎线固定。用木胶把篮子粘到木钉上，使一些交叉线稍微超过木板边缘。把金丝桃果粘在铁丝一端。

把铝丝弯曲成螺旋状，松开螺旋形成环状。将金属丝穿过篮子。注意要在篮子外面留下一些环圈。把一些大的试管穿过铝丝网。把干燥的绣球花和白绒球花粘到铁丝上。在试管中加水，并插入各种花朵。在篮子底座上放上一些花头较大的花。

EMC寄语　丽蓓卡·雷蒙德

在对EMC研究生的花卉作品进行观察后，我迷上了这种独特的花艺创意方式。我意识到我要将自己学到的一套技巧与这种先进方式的内容、原因和方法相结合。EMC项目使我大开眼界，领略到全新的花艺设计方法。EMC成功的经验主要组成部分是对细节、创意、产品知识的注重和EMC同伴的相互支持。在这个项目中努力工作教会了我离开我的舒适区并挑战自我。我很荣幸能成为设计团队一员，与世界各地的团队成员分享我对花艺创作的热爱。

The Strength of Transparency
透明的力量

刺芹、艳果金丝桃、马蹄莲、百部、蝴蝶兰、洋常春藤、须苞石竹、花烛（红掌）、柳枝、拉菲草

Eryngium magnetar Thistle
Hypericum androsaemum 'Sweet Romance'
Zantedeschia aethiopica 'Cranberry'
Stemona japonica
Phalaenopsis hybridum
Hedera helix 'Stan Tyler'
Dianthus barbatus 'Green Trick'
Anthurium andraeanum
Salix
Raphia (Raffia)

束线带、花艺线、纸捆扎线、花艺胶带、银条线、银金属线冷胶、玻璃试管、小粉绒球

切割柳枝（长度不小于 30 cm）做架构的底座，用束线带捆将柳枝绑成所需的形状。使用纸捆扎线将玻璃试管固定到柳枝上。

把拉菲草堆叠在整个柳枝结构上，形成自然美观的层次。把一部分拉菲草绕在柳枝上进行固定。

把金丝桃果一一插入 0.65 mm 铁丝，做成 3 股金丝桃果串珠。捆扎和粘一些用来打底的植物。将其它花材层叠地插入架构，把金丝桃果串珠从中间向外绕过拉菲草堆，做成向下流淌的造型。

在设计中层叠插入一些百部的嫩叶和洋常春藤。最后添加银色装饰线和金属丝以及小粉绒球装点作品（可选）。

EMC寄语　桑迪·尼尔森

我报名参加 EMC 项目是因为作为一名自由花艺职业人，了解插花的最新潮流、技术，以及不断训练对于花艺师的成长很重要。EMC 项目使我对花艺保持热情。它给予我经常练习我的技艺的热情，并绑住我增进我的技术和知识。

Colour Associations
色彩的联想

2 种切花月季、多头月季、2 种兰花、大戟、千叶兰、麦秆菊

Rosa 'Quicksand'
Rosa 'Toffee'
Rosa multiflora 'Sahara'
Cymbidium 'Cola'
Cymbidium 'Upstart'
Euphorbia anoplia
Muehlenbeckia complexa
Helichrysum bracteatum

15cm 干净塑料盘、30cm 干净塑料盘、装有透明胶棒的胶枪、钻、竹烤肉签、3 块花泥、沙子、各种小石头、苔藓、牙签、花刀或花夹

在 15 cm 干净的塑料盘上慢慢钻 3 个直径为竹烤肉签直径的孔。切割竹烤肉叉，使其长度是 30 cm 干净塑料盘的深度。把竹烤肉叉插入孔中，并热熔胶粘好。

打湿塑料盘。立即撒上银色金属箔形成大理石效果。用"设计大师"超级银油漆来喷涂一些小石头。

将花泥浸湿。按小塑料盘的大小切割花泥。注意让花泥平整地铺在塑料盘边。把小塑料盘放在大塑料盘上。

开始添加大的团块花材，如切花月季。用牙签穿透大戟，插入花泥。接下来插入小一些的的植物和千叶兰枝条。最后用石头、苔藓和沙子进行装饰。

EMC寄语　吉纳·思雷舍

让你作为设计师成长的最重要的东西之一是接收培训。EMC 教会你不同的色彩计理念和方法。它让你明白花艺设计是一种艺术，教会你怎样使用花来表达主题。它使你有机会沉浸在创造中。你周围都是志同道合热情的设计师。EMC 是花艺师的进阶平台并收获颇丰。

2019年全球著名花展活动

比利时
2019年8月14日—8月18日
布鲁塞尔鲜花时节——鲜花装饰的市政厅、市场
www.flowertime.brussels

2019年9月27日—9月30日
2019年Fleurmour花卉节，展现花艺的激情
奥尔登·比尔森古城堡最盛大的年度花卉节
主题：回归未来
www.fleuramour.be

2019年11月22日—11月25日
铺满鲜花的冬天瞬间，格鲁特·拜加登
www.fleuramour.be

荷兰
2019年10月1日—10月6日，阿姆斯特丹
家与室内装修节
www.woonbeurs.nl

英格兰
2019年5月21日—5月29日，伦敦
英国皇家园艺协会切尔西花展
www.rhs.org.uk

2019年7月1日—7月7日，萨里
英国皇家园艺协会 汉普敦皇宫花卉展
www.rhs.org.uk

2019年7月17日—7月21日，纳茨福德
英国皇家园艺协会 汉塔顿公园花卉展
www.rhs.org.uk

德国
2019年9月11日—9月15日
巴特诺因阿尔
葛雷欧·洛许5天5故事
www.gregorlersch.de

2019年6月29日—7月1日，法兰克福
腾托丝时尚消费品展览会—装饰、装修、礼品赠送展销会
www.messefrankfurt.de

法国
2019年5月17日—5月19日
巴黎附近尚蒂伊城堡园林植物、园艺节
www.domainedechantilly.com

2019年9月6日—9月10日 巴黎
家居、时尚展——家居、时尚国际贸易专展
www.maison-objet.com

波兰
2019年9月5日—9月7日，华沙
绿色即生命
东欧园艺贸易展
www.greenislife.pl

2020年6月5日—6月6日，卡托维兹
欧洲杯花卉展 www.facebook.com/EuropaCup

西班牙
2019年10月1日—10月3日，瓦伦西亚
国际花商联展，国际花卉、植物贸易展 http://iberflora.feriavalencia.com

日本
2020年1月20日—1月22日，东京
（幕张国际展览中心）
国际花展，第16届国际东京花卉展览会
www.ifex.jp/english

俄罗斯
2019年9月10日—9月12日，莫斯科展会
"2019年花卉展"
国际花卉、植物贸易展览会
www.flowers-expo.ru

美国
2019年7月6日—7月11日
美国花艺设计师协会，
美国花艺设计师协会国际研讨会
葛雷欧·洛许、哈里贾托·塞蒂亚万"醒来"花展
www.aifd.org